漫步植物園
歐式刺繡基礎教室

Botanical garden

漫 步 植 物 園
歐式刺繡基礎教室

Botanical garden

漫步植物園
歐式刺繡基礎教室

Botanical garden

歡迎來到植物園！

美好的植物園，歡迎你的來訪。
請開啟門扉，窺探其中。

在穿過華麗的玫瑰園、惹人憐愛的香草庭園，
以及仙人掌區域之後，
紫羅蘭及野罌粟等野花即出現在腳邊，
而12個月份的花卉也將綻放一輪，
還有花圈迎賓看板恭候著……

在這小小的植物園之中，展示了40種植物。
期望您能在園內散步的同時，找到喜愛的花，
創造專屬於您的美麗刺繡生活。

オノエ・メグミ

Botanical garden

漫步植物園

歐式刺繡基礎教室

オノエ・メグミ◎著

Contents

玫瑰園

香草花園

仙人掌＆多肉植物

花緞帶

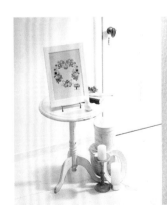

歐式刺繡基礎

Basic Lesson 1 〔 材料＆工具 〕 在開始刺繡之前，介紹必備的線材、針、工具、布料。

❖25號繡線
（棉100%・1束／約8m）

最常使用的是25號繡線。成色美麗，並擁有400色以上的豐富色彩變化。由於1股線是由6股細線鬆弛地捻合成束，在1股股抽出後，取所需數量一起使用。繡法頁所刊登的繡線數量是指從6股之中需抽出使用的數量。

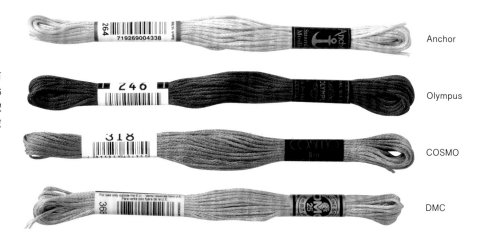

Anchor

Olympus

COSMO

DMC

❖5號繡線
（棉100%・1束／約25m）
※Anchor約為21m

其次常用到的是5號繡線。是將2條線捻合而成，線之間較為密合，直接以此粗細進行使用。

Anchor

Olympus

COSMO

DMC

※本書的作品使用Anchor、Olympus、COSMO、DMC此4種品牌的25號繡線。繡線的色號會因品牌而不同，因此若使用了非指定品牌的繡線，請參照作品圖片選擇接近的顏色。

（圖片為原寸）

標籤上的數字為色號。由於需要在補充相同色彩時作為參考，因此到最後為止都請保留於繡線上。

25號繡線
6股

25號繡線
5股

25號繡線
3股

25號繡線
1股

5號繡線

❈歐式刺繡用針（法國刺繡針）

比起一般手縫針，針孔較長容易穿線，針頭則為了容易穿過布料，所以較尖銳。針有分尺寸，號碼越大越細。依照分開的繡線數量選擇繡針使用。

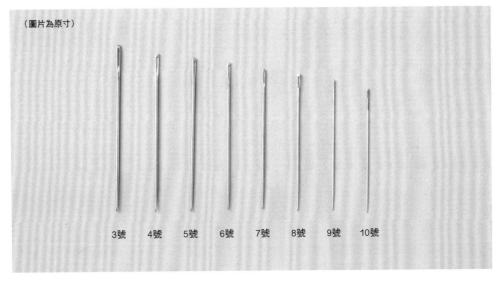

（圖片為原寸）

3號　4號　5號　6號　7號　8號　9號　10號

針與線與布的協調性參考

針要依照線條數量及布料進行選擇。不易刺繡或刺繡時針孔明顯的情況，請試著更改針的粗細。使用適當的針可以完成漂亮的成品。

法國刺繡針	繡線		布料厚度
	25號繡線	5號繡線	
3・4號	5・6股	1股	厚
5・6號	3・4股		中
7～10號	1・2股		薄

※在此所介紹的是CLOVER的繡針。由於其他品牌的刺繡針，名稱‧號碼不同，需多加留意。（請參考原寸圖片。）

❈繡線的數量與呈現風貌

使用25號繡線，就算進行相同的繡法，也會因為繡線數量的不同而帶來不同的樣貌。在此將以線、點、圈為例加以介紹。請作為自行變化時的參考。

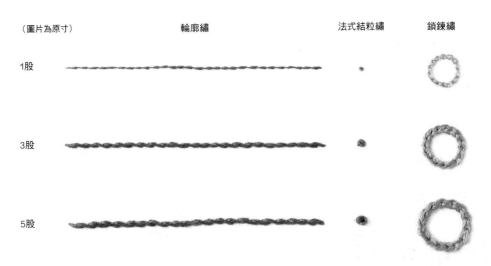

（圖片為原寸）　　　　　輪廓繡　　　　　　　法式結粒繡　鎖鍊繡

1股

3股

5股

✖其他工具

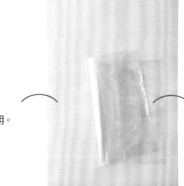

描圖紙
從書中描取圖案時使用。

玻璃紙
使用於描繪圖案在布料上。
（使用市售包裝用品也OK。）
玻璃紙不但有利於鐵筆的滑
動，也有保護圖案的作用。

手藝用複寫紙
使用於描繪圖案在布料上。
水溶性單面複寫款式較適
合。

消失筆
當描好的圖案消失時，可以消失筆補足，
以水消款為佳。

鉛筆
將圖案描於描圖紙上時使用。

鐵筆
使用於從玻璃紙上方描圖在布料上。
亦可以沒有墨水的原子筆替代。

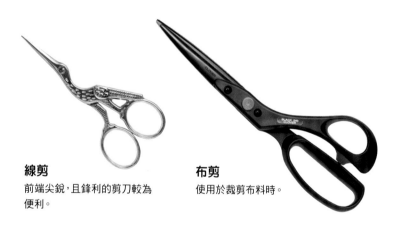

線剪
前端尖銳，且鋒利的剪刀較為
便利。

布剪
使用於裁剪布料時。

珠針
將圖案描於布料時，
用於固定以避免位移。

穿線器
若事先準備，難以穿線時就
會很好用。

疏縫線
由於布邊容易脫線，需先以疏縫線粗略地收邊。此外，在布料上描圖
時，事先以線條作出中央記號。

繡框
使用於繃緊布料進行刺繡時。

※關於布料

選擇布料時，是否能配合作品用途、設計和圖案相當重要。

麻、棉、羊毛、絲等，除了在此所介紹的種類之外，還有許多可用來刺繡的布料。

初學者可嘗試從市售中等厚度麻布入門，作為刺繡布進行刺繡為佳。具有一定的挺度，容易刺繡且成品也美觀。

（圖片為原寸） ※A…Olympus B…越前屋 C…COSMO ※★記號為本書中所使用的布料

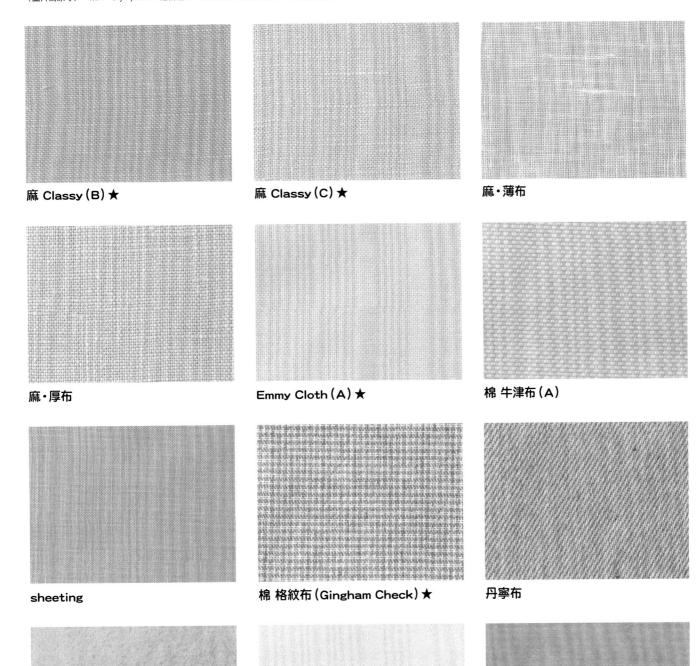

麻 Classy（B）★

麻 Classy（C）★

麻・薄布

麻・厚布

Emmy Cloth（A）★

棉 牛津布（A）

sheeting

棉 格紋布（Gingham Check）★

丹寧布

毛氈布

絲質沙典

絲絨

Basic Lesson 2 〔刺繡前須知〕

❈布料的準備

整理布紋

先將布料大略裁剪成想要的尺寸，從背面噴水並以熨斗熨燙，整理布紋。

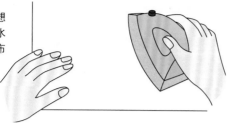

處理布邊

由於布邊容易脫線，因此為避免布邊在刺繡過程中脫線，將周圍以疏縫線等線材粗略地收邊之後再開始刺繡。

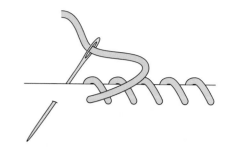

❈圖案描繪方式

準備圖案、描圖紙、鉛筆。將描圖紙重疊於圖案上，以鉛筆仔細描圖。若描圖不易或想改變圖案大小時，影印使用為佳。

※本書的圖案於上下左右標註了中心線。為了能在將圖案描圖於布料上時，清楚知道中心位置，請預先畫上中心線吧！

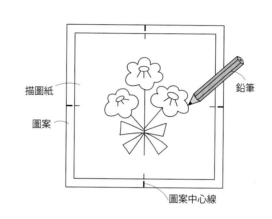

描圖紙
圖案
鉛筆
圖案中心線

❈在布料上描圖

準備布料、手藝用複寫紙、描上圖案的描圖紙、玻璃紙、珠針、鐵筆。
※將布料四褶作出褶痕，事先於上下左右的中心作上縫線記號（參照p54）。

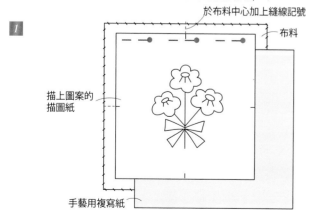

1

於布料中心加上縫線記號
布料
描上圖案的描圖紙
手藝用複寫紙

對齊中心，將描上圖案的描圖紙重疊於布料上，並以珠針固定，再於布料及描圖紙之間夾入手藝用複寫紙（粉土面朝下）。

→

2

玻璃紙
鐵筆

在最上方疊上玻璃紙，以鐵筆描繪圖案線。（玻璃紙會讓鐵筆的筆觸滑順，並且具有保護圖案的作用。）

布料的準備・圖案描繪方式

❋25號繡線的用法

1

輕輕壓住繡線標籤，平緩地拉出線頭。

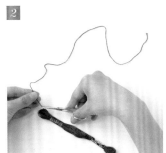

2

取長度約50～60cm剪下。若剪得太長，線條容易纏住難以刺繡，且在刺繡過程中也會起毛邊。

3

解開線頭，拉出1股細線。

4

將需要的數量集合在一起，並拉整齊。（※即便以6股進行刺繡時，也務必一定要1股1股拉出再重新對齊。）

❋穿線方式

1

將線輕壓於針的側面，讓線摺出褶痕。

2

將摺線處穿入針孔中。

3

輕輕地拉出。

4

穿過距離線頭10cm的長度備用。

❋5號繡線的用法

5號繡線是形成將環狀扭轉成束的狀態。拆下標籤，將線條轉回，並剪斷打結位置，就會成為剛好適合進行刺繡的長度。1條條拉出，直接以此粗細進行使用。

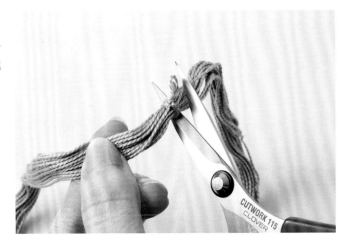

Basic Lesson 3 〔刺繡針法〕

❋基礎刺繡技法23

歐式刺繡的繡法只有非常多種類。在此介紹使用次數較頻繁的23種基本針法。
可因刺繡的用法與色彩搭配,呈現多采多姿的風貌。

---

1 直針繡 Straight stitch

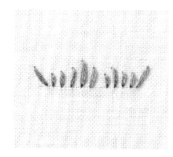

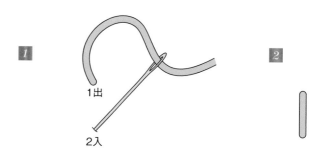

從1出針,往2入針。是以此單一針法進行的繡法。可利用縱、橫、斜的針目方向與長度等變化,繡出各種變化。

---

2 十字繡 Cross stitch

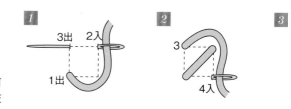

讓繡線呈X形交叉刺繡的繡法。可單獨亦可複數並排刺繡。雖然X交叉在上的線條是＼或／都無妨,但在同作品之中還是以相同方向統一刺繡。

---

3 平針繡 Running stitch

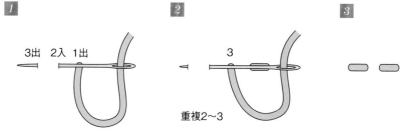

重複2~3

在圖案線上反覆出針、入針進行刺繡的針法。

4 回針繡 *Back stitch*

在等間隔每一針回針的同時進行刺繡的針法。

1
3出　1出　2入

從1出針，回1針長度朝2入針，再從3出針。

2
4是在1入針
4入
(1)
5出　3

以相同方式從3回一針長度在4（1的相同位置）入針，接著從5出針。

3

重複 **1**・**2** 進行刺繡。

---

5 輪廓繡 *Outline stitch*

在圖案線上由左往右，或是由上而下進行的刺繡。

1
3出
1出　2入

從1出針，自1往前一針的位置朝2入針，稍微回針自3出針。

2
5出　4入
3

以相同方式從3往前，在距離一針的位置朝4入針，再稍微回針從5出針。

3
重複 **1**・**2** 進行刺繡。

輪廓繡填補法 *Outline filling*

以輪廓繡填滿整面。從左到右的邊緣進行輪廓繡之後，再改變持布方向，一直保持從左側開始進行。從上方到下方邊緣刺繡時，也同樣的要反覆上下顛倒持布，以刺繡填滿。

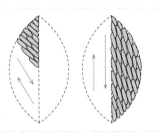

---

6 緞面繡 *Satin stitch*

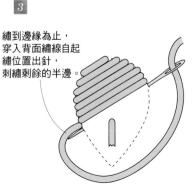

將直針繡整齊排列填滿的針法

1
若從最寬處開始刺繡，較易統一刺繡方向。
c入
b出
2入
3出
1出　a入

2
4入
3

重複2~3

3
繡到邊緣為止，穿入背面繡線自起繡位置出針，刺繡剩餘的半邊。

7 　　　**長短針繡** *Long and short stitch*

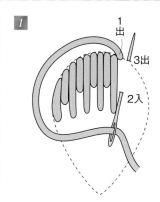

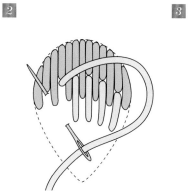

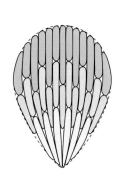

以長針目與短針目填滿的針法。起始
列的針目長短交替刺繡，次列則以相
同長度的針目刺繡。

8 　　　**千鳥繡** *Herringbone stitch*

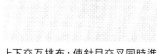

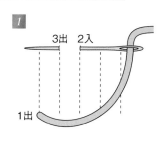

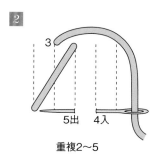

重複2～5

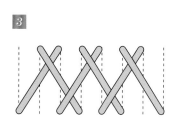

上下交互挑布，使針目交叉同時進
行刺繡的技法。

9 　　　**魚骨繡** *Fishbone stitch*

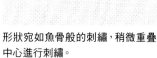

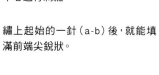

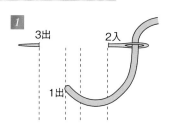

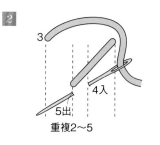

重複2～5

形狀宛如魚骨般的刺繡，稍微重疊
中心進行刺繡。

繡上起始的一針（a-b）後，就能填
滿前端尖銳狀。

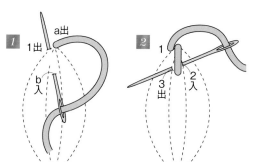

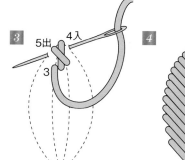

沿著圖案重複2～5

10 //////// **立體毛邊編織** *Open buttonhole stitch* //////

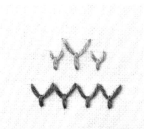

由於使用在毛毯滾邊，因此也稱作毛毯繡。若將間隔繡滿即為鈕眼繡（鈕眼捲邊）。

1

2入
3出
1出

重複2～3

2
3

3
朝上刺繡的狀況

---

11 //////// **飛行繡** *Fly stitch* //////

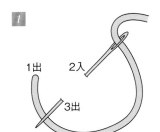

狀似小蟲（蒼蠅）展翅飛翔的針法。可利用翅膀的展開角度與最後固定的針目長度作出各種表現。

1
1出   2入
3出

2
3
4入

3
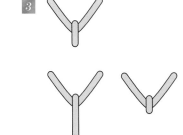

---

12 //////// **羽毛繡** *Feather stitch* //////

宛如羽毛狀的刺繡。

1
1出   2入
3出

2
4入   5出
3

重複2～5

3

基礎刺繡技法 23

13 雛菊繡 *Lazy daisy stitch*

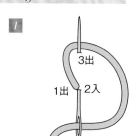

經常使用於繡花瓣或葉片的針法。

1

從1出針,朝2(與1相同處)入針,再從3出針。掛線於針頭,朝上拔針。

2

朝4(3稍微前方的位置)入針。

3

14 雙重雛菊繡 *Double Lazy daisy stitch*

在雛菊繡的內側再次進行一次刺繡的技法。

1

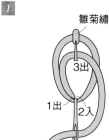

雛菊繡

2

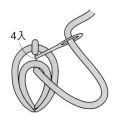

3

15 鎖鍊繡 *Chain stitch*

宛如鎖鍊般的針法。

1

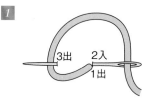

從1出針,2(與1相同位置)入針,再從3出針。掛線於針頭,由上拔針。

2

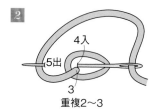

重複2～3

以相同方式進行4～5,掛線於針頭,由上方拔針。

3

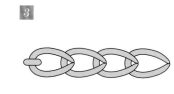

最後以短針目固定。

以環形進行鎖鍊繡時,起始與收尾的連接方式

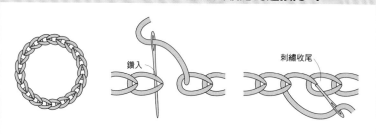

鑽入   刺繡收尾

鎖鍊繡填補法 *Chain filling*

以鎖鍊繡填滿整面。

16 **扭轉鎖鍊繡** *Twisted chain stitch*

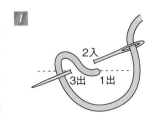

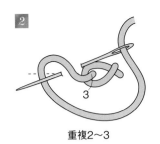

重複2~3

扭轉狀的鎖鍊繡。

---

17 **法式結粒繡** *French knot stitch*

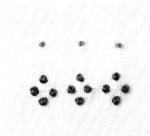

先掛1次線，針頭朝上。

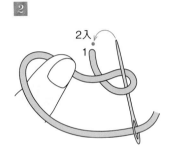

打結成點狀的刺繡。可藉由增加纏繞於針上的繡線圈數改變針目的大小。

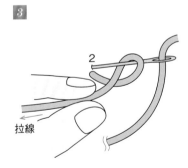

拉線

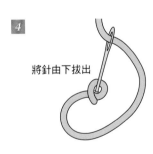

將針由下拔出

基礎刺繡技法23

---

18 **德式結粒繡** *German knot stitch*

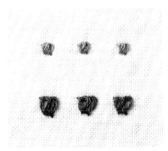

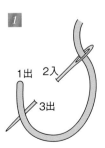

鑽入

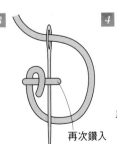

再次鑽入

將針鑽入短針目2次，打結而成的刺繡。

19 捲針繡 *Bullion stitch*

捲針繡

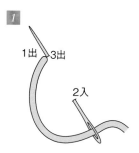

1
1出 3出
2入

從1出針，2入並自3（1的相同
位置）出針。

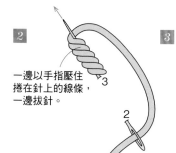

2
一邊以手指壓住
捲在針上的線條，
一邊拔針。
3
2

線捲在針上。（2-3的長度）捲
線成稍微超過想要的長度。一
邊以手指壓住捲線，同時拔
針。

3
拉線
2
4入

朝4（與2的相同位置）入針，
拉芯線調整形狀。

4

---

20 捲針玫瑰繡 *Bullion rose stitch*

1

2

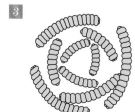

3

將捲針繡以宛如玫瑰花瓣的方式配
置，進行刺繡。

---

21 珊瑚繡 *Coral stitch*

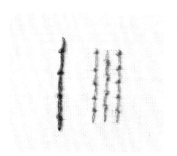

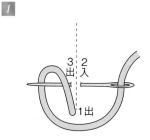

1
3 2
出 入
1出

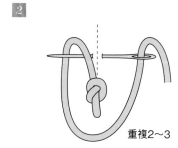

2

3
重複2～3

狀似珊瑚的刺繡。小段地挑布，掛
線於針上打結製作，同時進行刺
繡。

基礎刺繡技法23

22 釘線繡 *Couching*

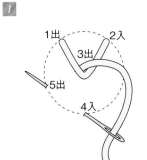

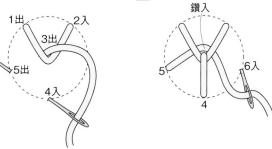

將置放於圖案線上的線以其他線固
定的手法。

23 蛛網玫瑰繡 *Spider web rose stitch*

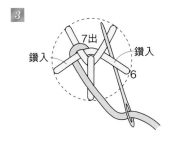

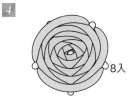

在當成芯的5條放射狀繡線上，以
相隔1條線編織的方式將繡線呈漩
渦狀鑽入，作成玫瑰花狀的繡法。

❈本書圖案的閱讀方法

本書圖案全部以原寸刊登。圖案上標示刺繡名稱和繡線色號等資訊。
a 刺繡名稱
b ○內為繡線股數
c 色號（由於色號會因為品牌而不同，因此請確認刺繡技法頁的材料，
　以了解是使用哪個廠牌的繡線。）
d 法式結粒繡的捲線次數
　（基本是捲1次。捲線2次以上的情況會標示次數）
e 圖案的中心線

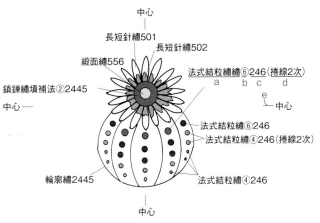

本書圖案的閱讀方法

基礎刺繡技法 23

17

❖起繡&完繡

由於打結會影響到正面，因此基本上進行刺繡時不打結。

繡線條 　在起繡時，於布料背面預留10cm左右線頭。
完繡則是將繡線纏繞在背面的針目進行收尾。起始所預留的線頭也穿入繡針，以和完繡相同的方式處理。

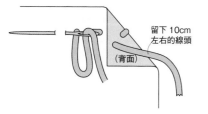
留下 10cm
左右的線頭
（背面）

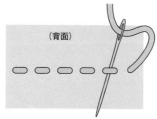
（背面）

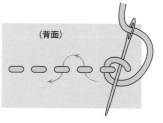
（背面）

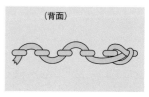
（背面）

繡面 　從圖案內側入針開始刺繡（a〜c）。繡完後翻至背面，以與繡線條時的相同方式纏繞於線上作收尾。

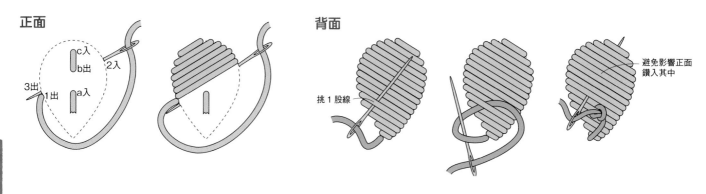

正面

c入
b出
2入
3出
1出
a入

背面

挑 1 股線

避免影響正面
鑽入其中

打結的情況

法式結粒繡這類點狀刺繡的情形則
需要打結。（若附近有繡線或繡面
的圖案，則纏繞於此進行收尾亦
可）。
此外，使用其他針法時，若為洗滌
頻繁的物品，則打結為佳。

起始結

1　將線頭捲在食指上1圈。

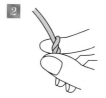
2　將拇指與食指交錯，捻起
線條。

3　以拇指與中指壓住捻合
處拉線。

4　用力拉線，牢牢打結。

收尾結（背面）

1　將針壓在完繡處。

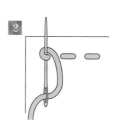
2　在針上捲線1圈。

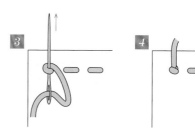
3　以手指壓住捲起的部分
後拔針。

4　打結完成。

起繡・完繡的線條處理

❖消除圖案線

刺繡結束後，若是殘留圖案線的粉土痕跡，就以棉花棒沾水，輕輕照著線擦除（由於某些布料會產生暈染的情況，因此一開始請少量測試）。若不消除就熨燙，可能會發生無法消失的情況，故需要多加注意。

❖作品的正反面

線頭的處理，請一邊注意不要影響到正面，一邊進行。
由於有可能會從正面看得見透過的線條，因此就算同色，當距離刺繡位置較遠時，就鑽入針目進行移動或是剪斷線條，重新起繡。

p20／玫瑰園

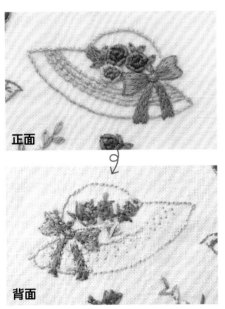

正面

背面

p34／花緞帶

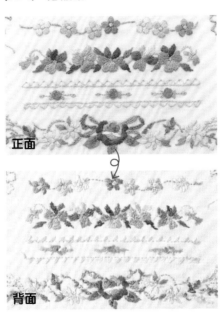

正面

背面

p38／手帕

正面

背面

❖熨燙的方式

在燙衣板上放置毛巾或毯子等厚布，並從上方重疊白布，將刺繡好的布背面朝上放置。噴水打溼，從中央直向、橫向移動熨斗，一邊注意避免布紋歪曲，同時輕輕熨燙。

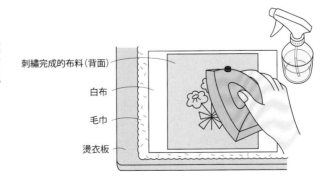

刺繡完成的布料（背面）
白布
毛巾
燙衣板

（圖片為原寸）繡法⋯p50

胸針

女性永遠憧憬的「玫瑰花」。大朵花、花籃、心形等，
以惹人憐愛的胸針化作穿搭亮點。

繡法…p50　作法…p24・25

Rose

香草花園

迷你框飾

提籃中塞得滿滿的胡椒薄荷及薰衣草。
彷彿眼前飄著陣陣舒服的香氣。

繡法…p51　裱裝法…p53

A

B

22

Herb

迷你框飾

綻放著風貌柔和花朵的各種香草。
宛如圖鑑般，加入英文名稱，畫面更加時尚。

繡法…*p52*　裱裝法…*p53*

胸針

圖片…p21 完成尺寸…A：寬4.8cm×高3.8cm B：寬6.3cm×高8.8cm C：寬6.5cm 高8.3cm D：寬7.6cm×高4.2cm

〔材料〕

※ **布料**：越前屋 麻Classy
　　作品A（51.象牙色）…寬9cm×高8cm
　　作品B・C（70.米色）…寬11cm×高13cm
　　作品D（51.象牙色）…寬12cm×高9cm

※ **毛氈布**
　　作品A（白色）…寬5cm×高4cm
　　作品B・C（米色）寬7cm×高9cm
　　作品D（白色）…寬8cm×高5cm

※ **鋪棉**
　　作品A…寬7cm×高6cm
　　作品B・C寬9cm×高11cm
　　作品D…寬10cm×高7cm

※ **厚紙板**
　　作品A…寬5cm×高4cm
　　作品B・C寬7cm×高9cm
　　作品D…寬8cm×高5cm

※ **胸針**…各1個
　　作品A…3.5cm
　　作品B・C・D…4.5cm

※ **繡線**：DMC25號繡線…各適量
　作品A：（粉紅色系）3833　（藍色系）3841、932、931
　作品B：（粉紅色系）3832　（藍色系）931
　作品C：（粉紅色系）3833、3832、151　（綠色系）3363、3013
　　　　（黃色系）728　（藍色系）341　（咖啡色系）3862　（白色）BLANC
　作品D：（粉紅色系）3833、3832、151　（綠色系）3363　（藍色系）932、931、519

※繡法參照p50

〈作法〉　　※單位＝cm

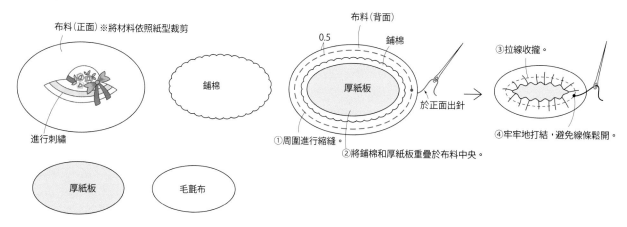

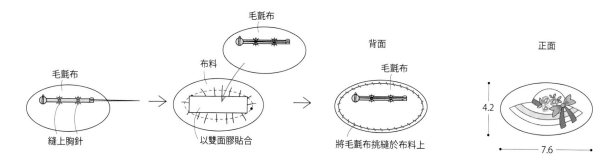

胸針的作法

24

胸針的作法

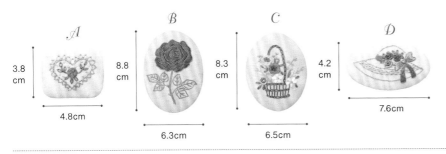

　　　　A　　　　*B*　　　　*C*　　　　*D*

3.8 cm ｜ 4.8cm
8.8 cm ｜ 6.3cm
8.3 cm ｜ 6.5cm
4.2 cm ｜ 7.6cm

※（ ）內數字為圖片號碼
1. 約略地裁剪布料
2. 於布料上描圖，進行刺繡
3. （ *1* ）將材料依照紙型裁剪
4. （ *2*～*4* ）縮縫布料並收攏
5. （ *5* ）縫上胸針
6. （ *6* ）黏上雙面膠
7. （ *7*・*8* ）以挑縫接合毛氈布

將材料依照紙型裁剪

將材料分別依照紙型裁剪。（刺繡布在此以素色布料進行解說）。

縮縫布料並收攏

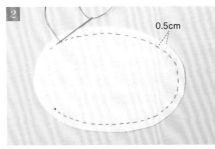

於布料距離周圍0.5cm的內側縮縫。

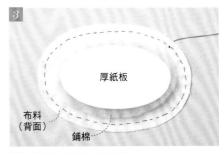

將鋪棉及厚紙板重疊於布料中央。

縫上胸針

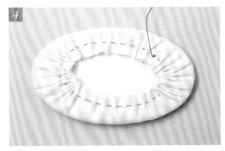

拉縫線收攏，接著打結。請避免刺繡中心位移。

在毛氈布縫上胸針。。

黏上雙面膠

於中央黏貼雙面膠。

以挑縫接合毛氈布

於布料上挑縫接合毛氈布。

挑縫接合一圈即完成。

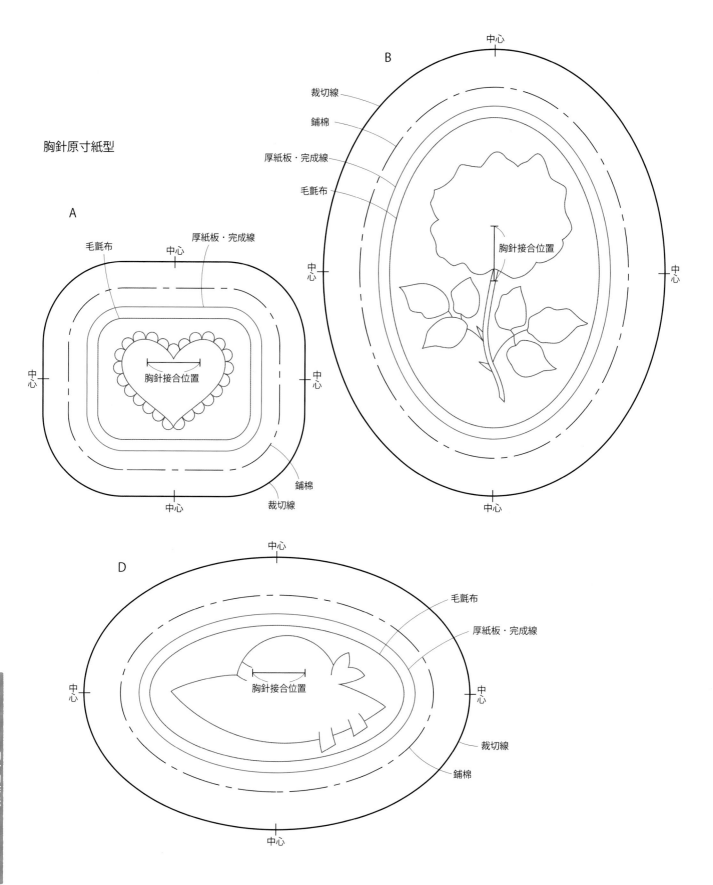

胸針原寸紙型

A

B

D

毛氈布
厚紙板・完成線
中心
胸針接合位置
中心
中心
鋪棉
裁切線
中心

裁切線
鋪棉
厚紙板・完成線
毛氈布
中心
胸針接合位置
中心
中心

中心
毛氈布
厚紙板・完成線
中心
胸針接合位置
裁切線
鋪棉
中心

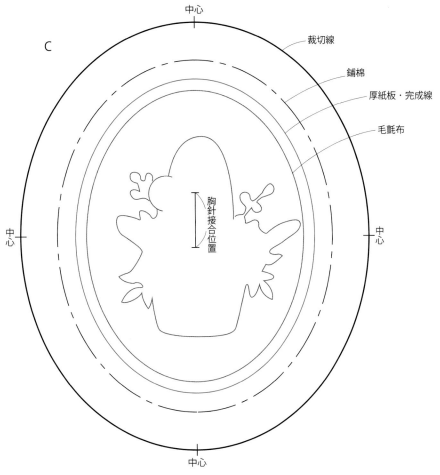

C

裁切線

鋪棉

厚紙板・完成線

毛氈布

中心

中心

中心

胸針接合位置

中心

飾品原寸紙型

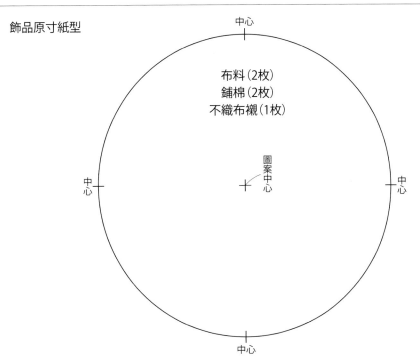

中心

布料(2枚)
鋪棉(2枚)
不織布襯(1枚)

圖案中心

中心

中心

中心

仙人掌 & 多肉植物

A

B

C

口金零錢包

繡法…p54・55　作法…p30・32

放在提包中也不會造成干擾，
小巧的尺寸，
用於收納零散的小物相當方便。

Cactus &
Succulent

口金零錢包

圖片…p28　完成尺寸…約寬12cm×高11.5cm

〔材料〕

※ **表袋布**…寬17cm×高28cm
　作品A・C：棉 綠色格紋布
　作品B：Olympus Emmy Cloth（32.米白色）

※ **裏袋布**…寬15cm×高26cm
　作品A・B・C：棉 綠色印花布

※ **接著襯**（僅A・C，於布料較薄的狀況使用）…寬17cm×高28cm

※ **圓珠釦口金**…寬7.5cm×高6cm

※ **紙繩**…30cm

※ **防綻液**

※ **繡線：**Olympus 25號繡線…各1束
　作品A：（綠色系）246、245、2445
　作品B：（綠色系）246、2445（黃色系）556、502、501
　作品C：（綠色系）246、245（白色）800

※繡法參照p54・55

原寸紙型

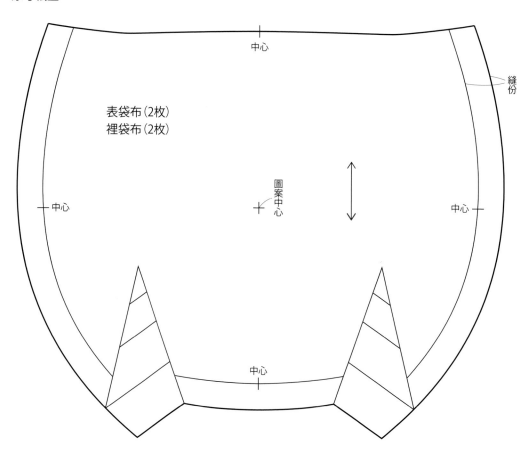

表袋布（2枚）
裡袋布（2枚）

中心

中心

中心

中心

中心

圖案中心

縫份

口金零錢包的作法

〈 作法 〉 ※單位＝cm

※※A・C 於表袋布背面黏貼黏著襯

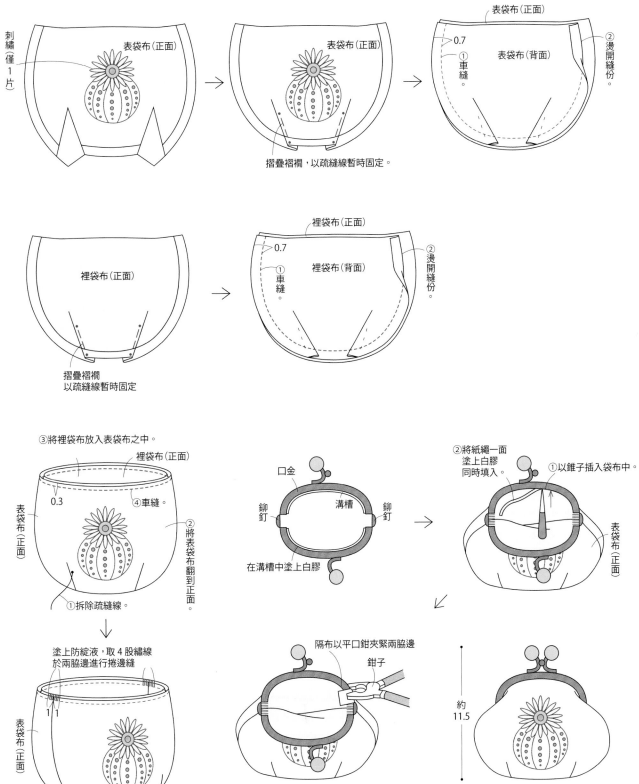

刺繡（僅 1 片）

表袋布（正面）

表袋布（正面）

摺疊褶襉，以疏縫線暫時固定。

表袋布（正面）

0.7

①車縫

表袋布（背面）

②燙開縫份。

裡袋布（正面）

摺疊褶襉
以疏縫線暫時固定

裡袋布（正面）

0.7

①車縫

裡袋布（背面）

②燙開縫份。

③將裡袋布放入表袋布之中。

裡袋布（正面）

0.3

表袋布（正面）

④車縫

②將表袋布翻到正面。

①拆除疏縫線。

口金

鉚釘

溝槽

鉚釘

在溝槽中塗上白膠

②將紙繩一面塗上白膠同時填入。

①以錐子插入袋布中。

表袋布（正面）

塗上防綻液，取 4 股繡線於兩脇邊進行捲邊縫

表袋布（正面）

1 1

隔布以平口鉗夾緊兩脇邊

鉗子

約 11.5

約 12

口金零錢包的作法

31

口金零錢包的作法

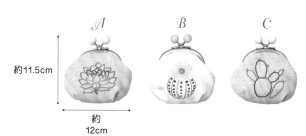

約11.5cm

約
12cm

※（　）內數字為圖片號碼

1. 粗略地裁布
2. 於表袋布上描圖，進行刺繡（僅1片）
3. （ 1 ）依照紙型裁布（當表袋布較薄時，則黏貼黏著襯）
4. （ 2・3 ）摺疊褶襉
5. （ 4～6 ）縫合布料四周
6. （ 7 ）車縫袋口
7. （ 8～10 ）塗上防綻液，並進行捲邊縫
8. （ 11～15 ）接合口金

若表袋布較薄，則於刺繡之後，以熨壓黏貼黏著襯。

依照紙型裁布

將表袋布・裡袋布依照紙型各裁2片（表袋布在此以素布解說）。

摺疊褶襉

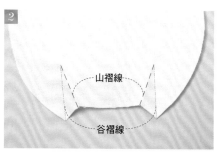

依照圖片摺疊，將表袋布・裡袋布分別摺疊褶襉。

以疏縫線暫時固定已摺疊的褶襉。

縫合布料四周

將表袋布・裡袋布各自正面相對疊合，縫合四周。

四周縫合完成。拆除褶襉的疏縫線。

各自燙開縫份，將表袋布翻回正面。

車縫袋口

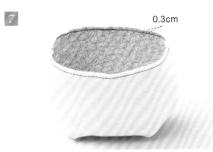

0.3cm

將裡袋布放入表袋布之中，縫合袋口。

塗上防綻液，並進行捲邊縫

於袋口兩脇塗上防綻液。

待防綻液乾燥後，以4股繡線進行捲邊縫。

接合口金

1cm   1cm

捲邊處。由於兩脇未插入口金之中，因此須徹底補強。

於口金溝槽塗上白膠。

以錐子將袋口推入溝槽之中。

紙繩也一面塗上白膠，同時填入溝槽內。

隔布以平口鉗閉合口金末端。

閉合口金兩端，牢牢固定即完成。

口金零錢包的作法

（圖片為原寸）繡法…p60

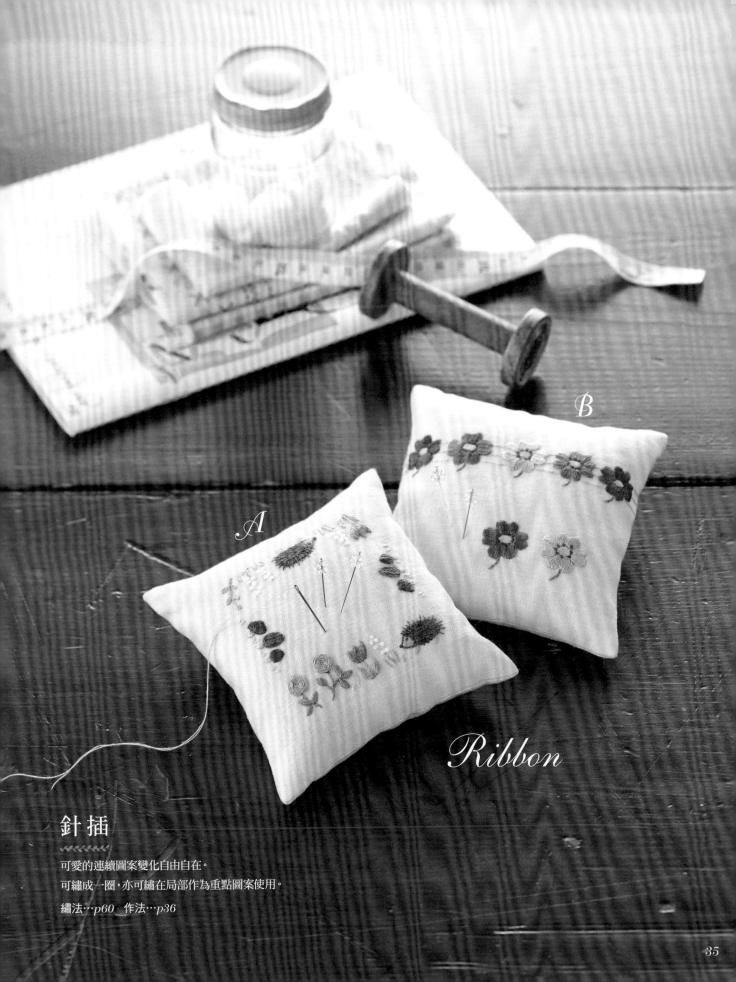

B

A

Ribbon

針插

可愛的連續圖案變化自由自在。
可繡成一圈，亦可繡在局部作為重點圖案使用。

繡法…p60　作法…p36

針插

圖片⋯*p35* 完成尺寸⋯寬11cm×高11cm

〔材料〕（1個的用量）
※**布料：**越前屋 麻Classy（51.象牙色）⋯寬15cm×高30cm
※**枕心**⋯適量
※**繡線：**DMC25號繡線⋯各適量

作品A：（綠色系）369、368、320 （咖啡色系）3772、779 （米色系）842 （灰色系）
844 （粉紅色系）3328、3716、962 （白色）BLANC
作品B：（綠色系）3363、3348 （粉紅色系）3328、3712、761 （灰色系）844

※繡法參照p60

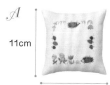

𝒜

11cm

11cm

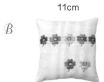

ℬ

1. 粗略裁剪布料
2. 在布料上描圖，進行刺繡（僅前側）
3. 依照尺寸裁布
4. 車縫四周
5. 翻至正面，塞入枕心後縫合

※單位＝cm

〈 裁布圖 〉　　　〈 作法 〉

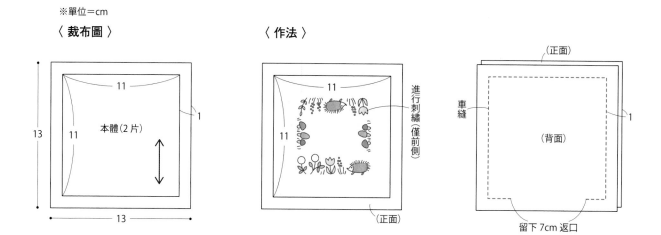

本體（2片）

13

13

11

11

1

進行刺繡（僅前側）

11

11

（正面）

（正面）

車縫

（背面）

留下7cm返口

1

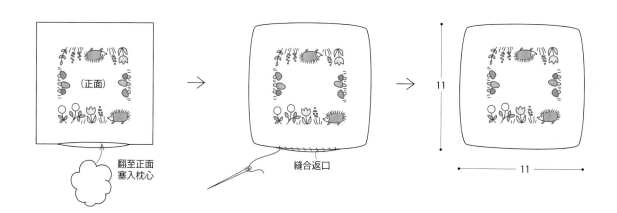

（正面）

翻至正面
塞入枕心

縫合返口

11

11

針插的作法

36

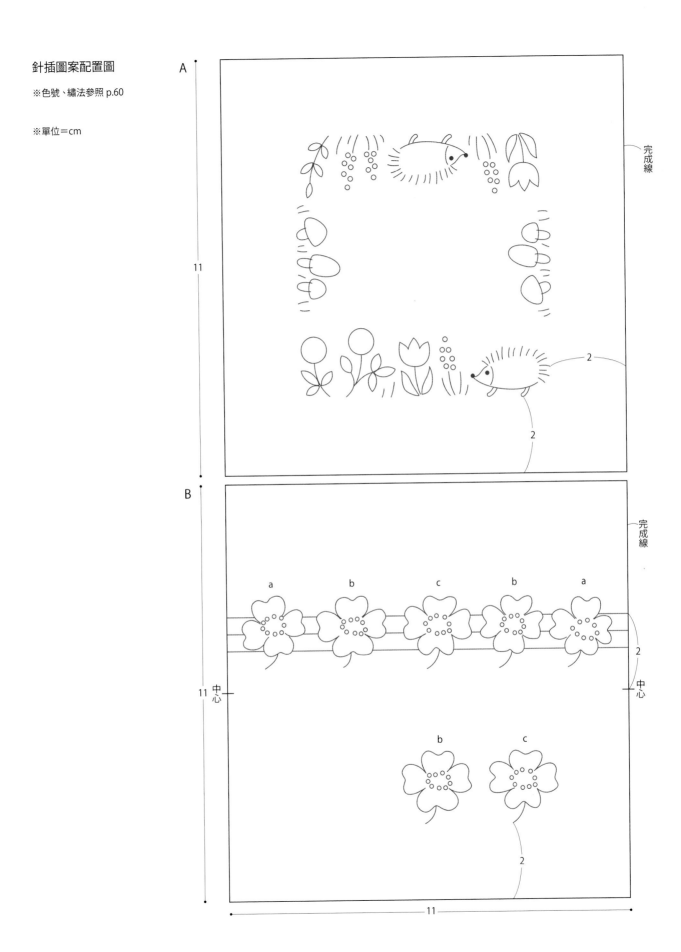

針插圖案配置圖

※色號、繡法參照 p.60

※單位＝cm

花卉文字

Alphabet

手帕

在市售的手帕繡上優雅的英文字母。
作為贈送友人的禮物，對方應該會開心。

繡法…p56

（圖片為原寸）繡法…p57

森林的聖誕節

Christmas

迷你掛毯

白雪皚皚的森林中，穿梭於林間行走的聖誕老人。
展現成熟風格童話的迷你掛毯。

繡法…p43　作法…p42

掛飾

以藍色作為基調的時尚北歐風掛飾。
在期盼聖誕節到來的期間製作，
更具過節氣氛。

繡法…p58・59　作法…p44・45

B

A

C

〔後側〕

迷你掛毯

圖片…p40　完成尺寸…約寬10cm×高26cm（含珠子）

〔材料〕

※ **布料**：COSMO 麻Classy（94.灰米色）…寬16cm×高34cm
※ **掛軸**：COSMO 木製掛軸（12cm）…1組
※ **木珠**：直徑1.5cm（水藍色）…1個、直徑0.3cm（咖啡色）…2個
※ **繡線**：COSMO25號繡線…各1束

（紅色系）241A（藍色系）2253、254、253、252（米色系）364
（咖啡色系）310（綠色）319（白色）500（灰色系）895

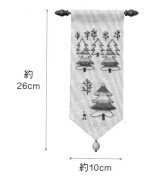

約
26cm

約10cm

1. 粗略裁剪布料
2. 在布料上描圖，進行刺繡（僅前側）
3. 加上縫份，依照尺寸裁布
4. 車縫布邊
5. 於尾端縫上木珠，接著穿入掛軸之中

※單位＝cm

〈製圖〉

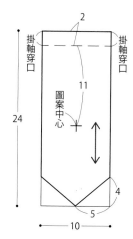

掛軸穿口　掛軸穿口

圖案中心

2
11
24
4
5
10

〈作法〉

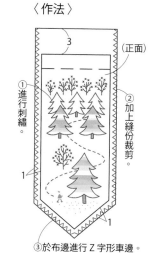

3
（正面）
① 進行刺繡。
② 加上縫份裁剪。
1
1
③於布邊進行 Z 字形車邊。

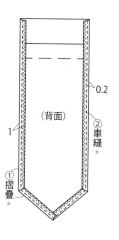

（背面）
0.2
② 車縫。
1
① 摺疊。

拔下蓋子，穿上掛軸
（繩子纏繞於兩頭並打結）

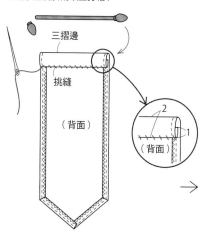

三摺邊
挑縫
（背面）
2
1
（背面）

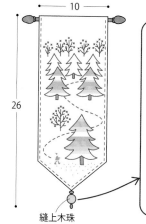

10
26
縫上木珠

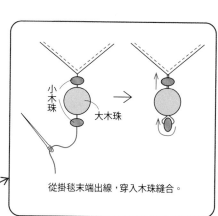

小木珠
大木珠

從掛毯末端出線，穿入木珠縫合。

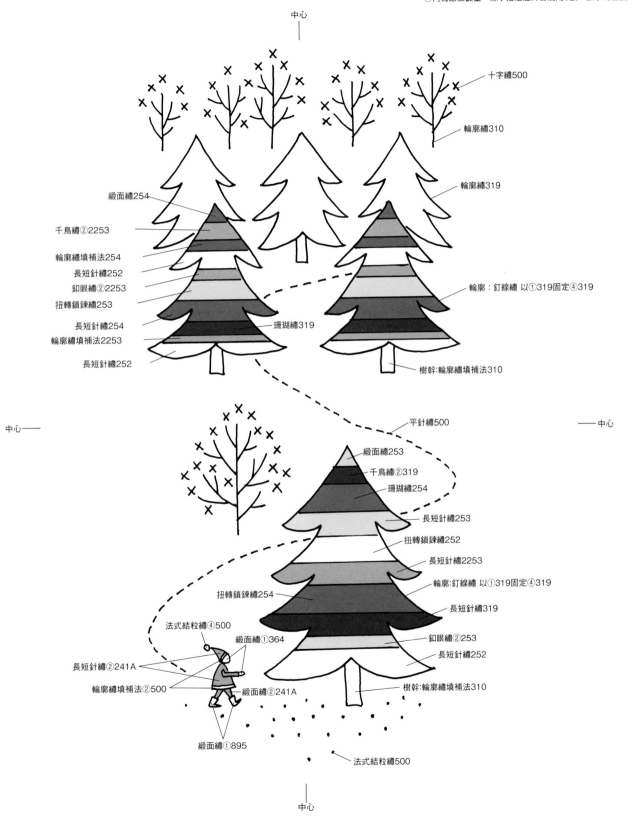

○內為線條數量。除了指定之外皆使用3股。數字為色號。

中心

十字繡500

輪廓繡310

綴面繡254

輪廓繡319

千鳥繡②2253

輪廓繡填補法254

長短針繡252

釦眼繡②2253

扭轉鎖鍊繡253

長短針繡254

輪廓繡填補法2253

珊瑚繡319

長短針繡252

輪廓:釘線繡 以①319固定④319

樹幹:輪廓繡填補法310

中心

中心

平針繡500

綴面繡253

千鳥繡②319

珊瑚繡254

長短針繡253

扭轉鎖鍊繡252

長短針繡2253

輪廓:釘線繡 以①319固定④319

長短針繡319

扭轉鎖鍊繡254

釦眼繡②253

長短針繡252

樹幹:輪廓繡填補法310

法式結粒繡④500

綴面繡①364

長短針繡②241A

輪廓繡填補法②500

綴面繡②241A

綴面繡①895

法式結粒繡500

中心

掛飾

圖片⋯*p41*　完成尺寸⋯直徑8cm

〔材料〕（1個的用量）
※ **布料：**COSMO 麻Classy（94.灰米色）⋯寬12cm×高24cm
※ **棉襯**⋯寬9cm×高18cm
※ **不織布襯**⋯寬9cm×高9cm
※ **寬4mm亮面緞帶（咖啡色）**⋯3.5cm
※ **寬12.7mm的斜布滾邊條（咖啡色）**⋯27cm

※ **繡線：**COSMO25號繡線⋯各適量
作品A：前側（藍色系）254、253（米色系）364（咖啡色系）310 後側（藍色系）253
作品B：前側（紅色系）241A（藍色系）2253、254（咖啡色系）310 後側（藍色系）254
作品C：前側（紅色系）241A（藍色系）2253、253（咖啡色系）310 （灰色系）895
　　　　（米色系）364 後側（紅色系）241A
※繡法參照p58・59

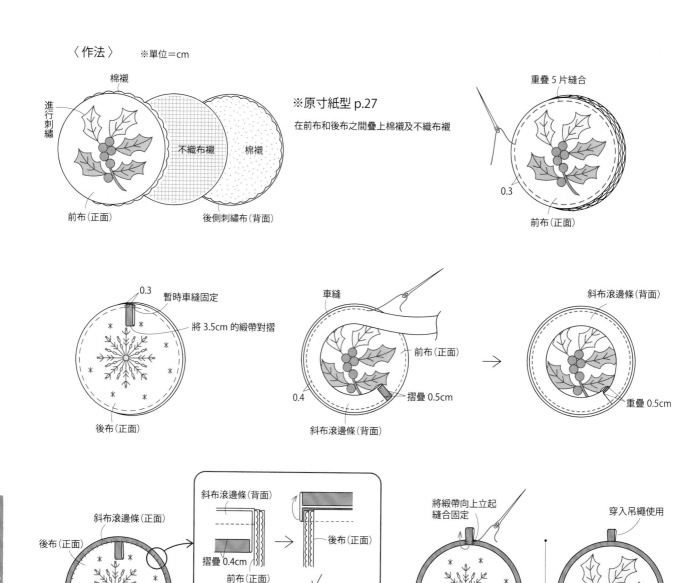

〈作法〉　※單位＝cm

※原寸紙型 p.27
在前布和後布之間疊上棉襯及不織布襯

掛飾的作法

A　B　C　　　　A　B　C

8 cm

前側　　　　　　　　後側

※（）內數字為圖片號碼
1. 約略地裁剪刺繡布
2. 於布料上描圖，進行刺繡
3. （ *1* ）將材料依照紙型裁布
4. （ *2*～*4* ）重疊材料，縫合四周
5. （ *5*～*9* ）縫上斜布滾邊條

將材料依照紙型裁布

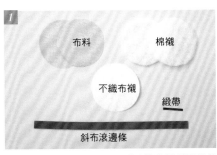

1

布料　　棉襯

不織布襯

緞帶

斜布滾邊條

將2片布料、2片棉襯、1片不織布襯依照紙型裁剪（布料在此以素色進行解說）。並準備斜布滾邊條及緞帶。

重疊材料，縫合四周

2

前布（正面）　棉襯　不織布襯　棉襯

後布（背面）

於2片布料之間將棉襯及不織布襯依照圖片順序重疊。

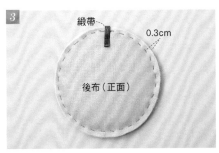

3

緞帶

0.3cm

後布（正面）

重疊5片，並於距離四周0.3cm的內側車縫。後布的上方則暫時車縫固定上對摺的緞帶。

縫上斜布滾邊條

4

前布（正面）

正面的狀態。

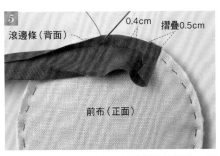

5

0.4cm　摺疊0.5cm

滾邊條（背面）

前布（正面）

展開斜布滾邊條，於車縫起點摺疊滾邊條一端0.5cm，接著於距離四周0.4cm的內側車縫。

6

重疊0.5cm

車縫一圈之後，於縫合終點重疊0.5cm滾邊條。

7

後布（正面）

以滾邊條包捲布料邊緣，朝內側摺入並挑縫。

8

以遮蓋本體縫線的方式進行挑縫。

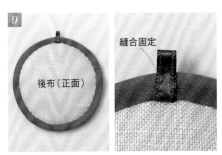

9

縫合固定

後布（正面）

挑縫完一圈滾邊條之後，就將緞帶朝上立起並縫合固定即完成。

掛飾的作法

12月份之花

Floral calendar

集合四季應景花卉的12月份花月曆。
若將其裱框,就能夠成為裝飾&欣賞用的家飾品。

46

January
February
March
April
May
June
July
August
September
October
Nobember
December

（圖片為原寸）繡法…p61

花卉迎賓花圈

在婚禮上以華麗的花圈迎接賓客吧！
一定能成為讓人難忘的紀念日。

Welcome wreath

（圖片為原寸）繡法…p62

玫瑰園

圖片…p20　完成尺寸…約寬17cm×高20cm

〔材料〕
❈ 布料：越前屋 麻Classy（51.象牙色）…約寬27cm×高30cm
❈ 繡線：DMC25號繡線…各1束
（粉紅色系）3835、3833、3832、3727、3712、3328、3326、818、316、151
（藍色系）3841、932、931、813、519、341、161、160　（綠色系）3363、3362、3053、3013
（黃色系）728　（米色系）950　（咖啡色系）3862　（白色）BLANC

○內為線條數量。除了指定之外皆使用2股。數字為色號。
除了指定以外的面，皆以長短針繡刺繡。

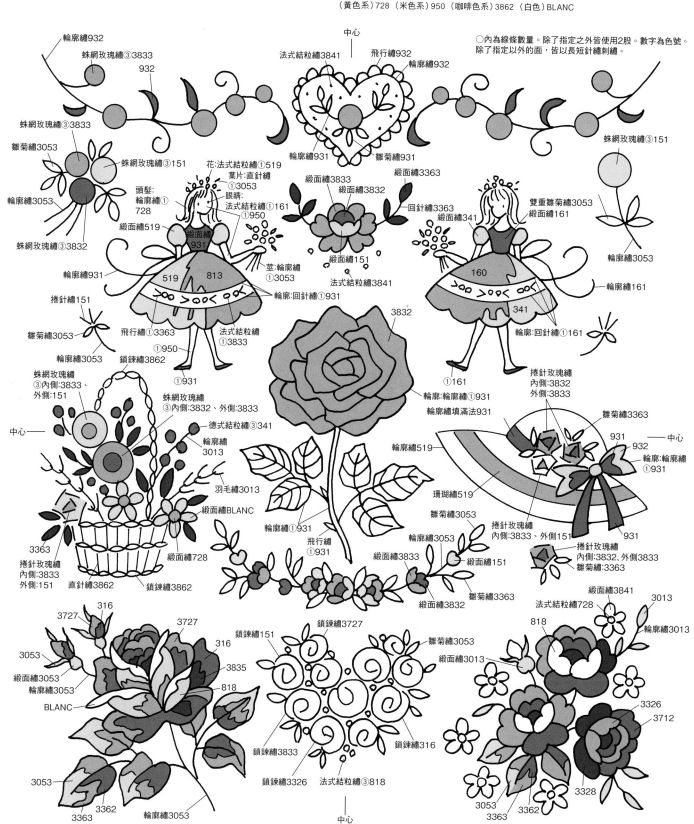

50

香草庭園 迷你框飾（方形）

圖片…p22　完成尺寸…約寬11.3cm×高11.3cm

〔材料〕

※ 布料：Olympus Emmy Cloth（32.米白色）….寬15cm×高15cm
※ 框：Olympus 木製相框（W-52 White）/ 外徑約11.3cm×11.3 cm、內徑約 8cm×8cm
※ 繡線：Olympus 25號繡線…各1束
　　作品A：（藍色系）621、624、625、361（綠色系）214、212、210（咖啡色系）737
　　作品B：（紫色系）632、641、642（綠色系）245、244（咖啡色系）737
※方框的裱裝方式請參照p53

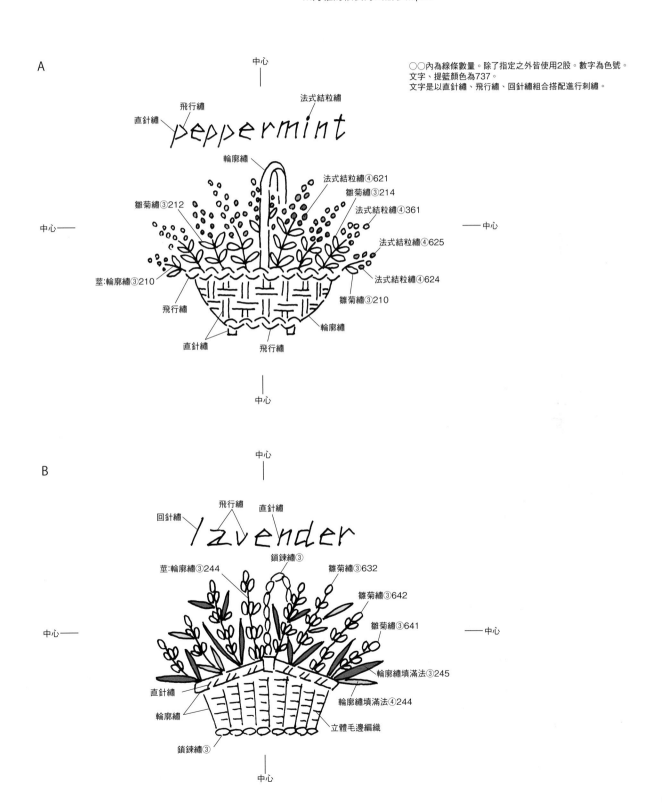

A

中心

○○內為線條數量。除了指定之外皆使用2股。數字為色號。
文字、提藍顏色為737。
文字是以直針繡、飛行繡、回針繡組合搭配進行刺繡。

飛行繡
直針繡
法式結粒繡

peppermint

輪廓繡
法式結粒繡④621
雛菊繡③214
法式結粒繡③361
法式結粒繡④625
法式結粒繡④624
雛菊繡③210

雛菊繡③212
莖：輪廓繡③210
飛行繡
直針繡
飛行繡
輪廓繡

中心
中心
中心

B

中心

回針繡
飛行繡
直針繡

lavender

鎖鍊繡③
雛菊繡③632
雛菊繡③642
雛菊繡③641
輪廓繡填滿法③245
輪廓繡填滿法④244
立體毛邊編織

莖：輪廓繡③244
直針繡
輪廓繡
鎖鍊繡③

中心
中心

香草花園　迷你框飾（圓形）

~~~~~~

圖片…*p23*　完成尺寸／約直徑14.5cm

〔材料〕
※ 布料：Olympus Emmy Cloth （32.米白色）…寬23cm x 高23cm
※ 框：DMC 圓形相框（White）/ 外徑約14.5cm、內徑約13cm
※ 繡線：Olympus 25號繡線…各1束
　（粉紅色系）1900、1035、1033、1032 （綠色系）2445、244、237、236、235、212、210
　（紫色系）602、603 （黃色系）582、502、501 （咖啡色系）737 （灰色系）488 （白色）800
※方框的裱裝方式請參照p53

中心

○內為線條數量。除了指定之外皆使用3股。數字為色號。
文字顏色為737，以直針繡、飛行繡、回針繡搭配組合進行刺繡。

中心

中心

中心

〈 方框的裱裝法 〉

※單位＝cm

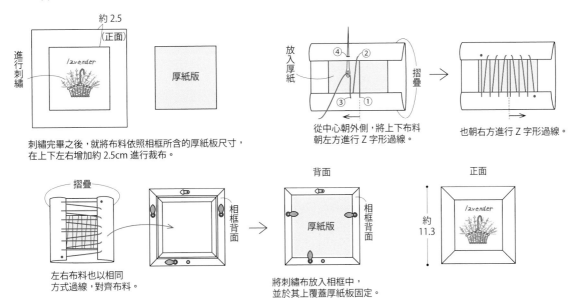

刺繡完畢之後，就將布料依照相框所含的厚紙板尺寸，
在上下左右增加約 2.5cm 進行裁布。

從中心朝外側，將上下布料
朝左方進行 Z 字形過線。

也朝右方進行 Z 字形過線。

左右布料也以相同
方式過線，對齊布料。

將刺繡布放入相框中，
並於其上覆蓋厚紙板固定。

〈 圓框的裱裝法 〉

※單位＝cm

刺繡完畢之後，就將約 13cm 的相框內徑在周圍加上約 3cm，
將布料裁剪成直徑 19cm

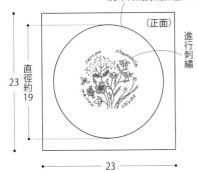

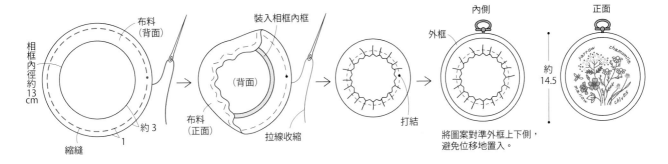

A

中心

繡線全部使用3股。數字為色號。

中心——

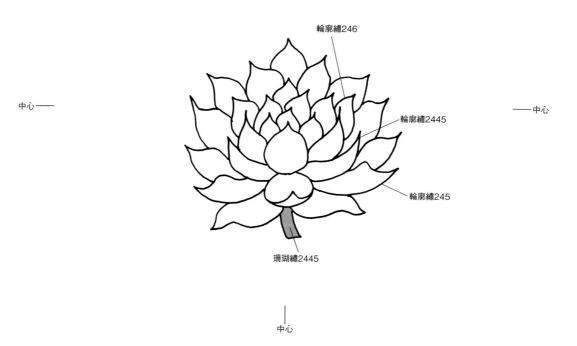

輪廓繡246

輪廓繡2445

輪廓繡245

——中心

珊瑚繡2445

中心

在布料上描圖的方式

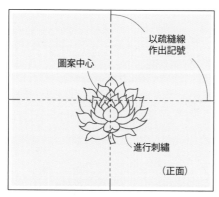

圖案中心

以疏縫線
作出記號

進行刺繡

（正面）

①先大略裁剪布料，並於上下左右的中心，
　以疏縫線作出記號。
　描繪圖案進行刺繡。

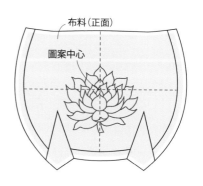

布料（正面）

圖案中心

②將圖案中心對準紙型，依照紙型裁布。

B

中心

長短針繡501

長短針繡502

緞面繡556

中心ーー   ーー中心

鎖鍊繡填補法②2445

法式結粒繡⑥246(捲線2次)

法式結粒繡⑥246

法式結粒繡④246(捲線2次)

法式結粒繡④246

輪廓繡2445

中心

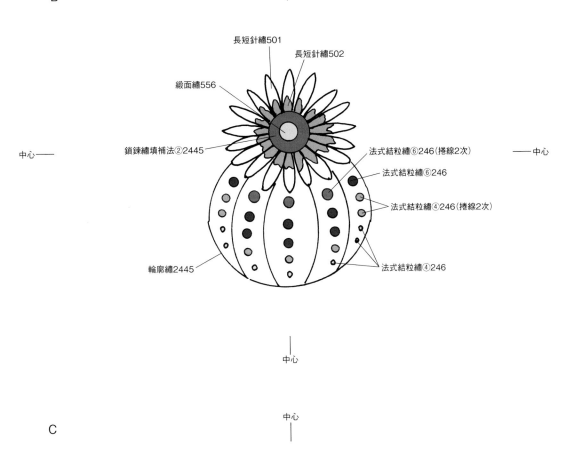

中心

C

中心ーー   ーー中心

直針繡②245

法式結粒繡②800

輪廓繡245

輪廓繡246

中心

手帕

〈〈

圖片…p38

完成尺寸（參考）

…寬45cm×高45cm

〔材料〕

※ **布料**：市售麻質手帕

※ **刺繡**：COSMO 25號繡線…各適量

　M：（藍色系）733、732

　　　（粉紅色系）2221、2105、1105

　　　（綠色系）319、318、317

　H：（藍色系）733、732

　　　（粉紅色系）2221、1105

　　　（綠色系）317、318

※繡法參照p57

手帕的圖案配置圖

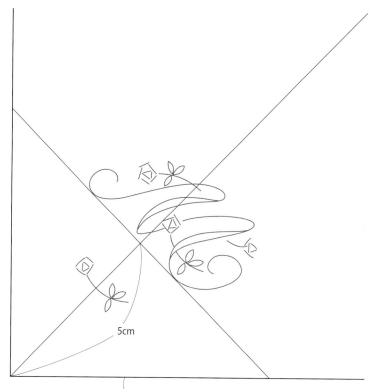

5cm

手帕邊緣

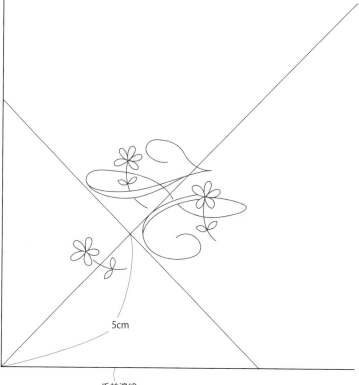

5cm

手帕邊緣

手帕的繡法

花卉文字

〜〜〜〜〜〜〜〜〜〜〜〜〜〜〜〜〜〜

圖片…p39　完成尺寸…約寬17cm×高20cm

〔材料〕

❋ 布料：COSMO 麻Classy（11.白色）…約寬27cm×高30cm

❋ 繡線：COSMO 25號繡線…各1束

（藍色系）733、732　（粉紅色）2221、2105、1105　（綠色系）319、318、317

○內為線條數量。除了指定之外皆使用2股。數字為色號。
英文字母的繡法、顏色相同（線條使用輪廓繡，面使用輪廓繡填滿法）

57

A

中心

○內為線條數量。除了指定之外皆使用3股。數字為色號。

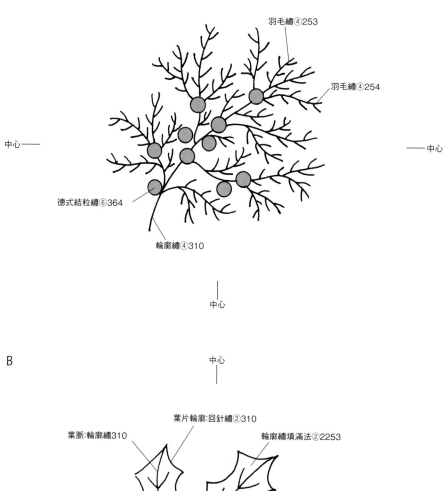

羽毛繡④253

羽毛繡④254

中心——

——中心

德式結粒繡⑥364

輪廓繡④310

中心

B

中心

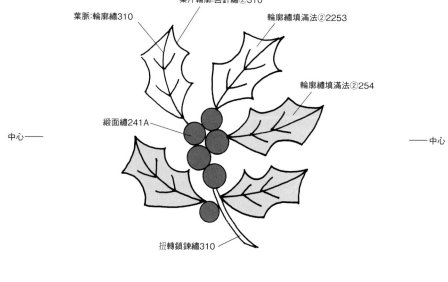

葉片輪廓:回針繡②310

葉脈:輪廓繡310

輪廓繡填滿法②2253

輪廓繡填滿法②254

緞面繡241A

中心——

——中心

扭轉鎖鍊繡310

中心

C

○內為線條數量。除了指定之外皆使用3股。數字為色號。

中心

文字:輪廓繡253

法式結粒繡253

尖端:直針繡2253

中心——

法式結粒繡②895
緞面繡①364

飛行繡2253

喙、腳:直針繡②895

長短針繡②310

—— 中心

長短針繡
②241A

法式結粒繡⑥241A

輪廓繡310

長短針繡②364

中心

中心

後側

※色號為A:253、B:254、C:241A

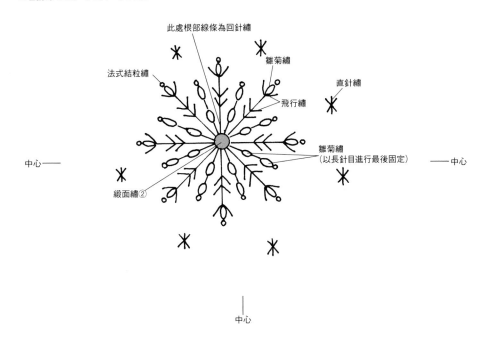

此處根部線條為回針繡

雛菊繡

法式結粒繡

飛行繡

直針繡

中心——

雛菊繡
(以長針目進行最後固定)

—— 中心

緞面繡②

中心

59

花緞帶

〔材料〕
※ 布料：越前屋 麻Classy（51.象牙色）…約寬27cm×高30cm
※ 繡線：DMC 25號繡線…各1束
（粉紅色系）3731、3716、3712、3689、3328、962、761
（藍色系）3841、3840、3807、794、793、519、334、322
（綠色系）3364、3363、3362、3348、369、368、367、320
（紫色系）554、553、552、209 （黃色系）3854、744、728 （米色系）842
（咖啡色系）3772、779 （灰色系）844 （白色）BLANC

圖片…p34　完成尺寸…約寬17cm×高20cm

○內為線條數量。除了指定之外皆使用2股。數字為色號。
除了指定之外，皆使用長短針繡。

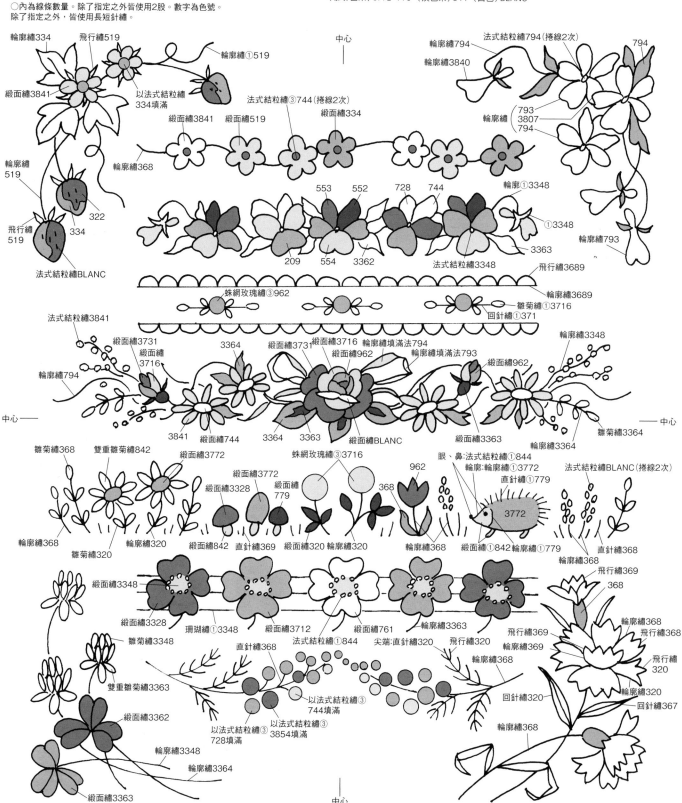

中心

輪廓繡334　飛行繡519　輪廓繡①519
緞面繡3841　以法式結粒繡334填滿
輪廓繡519　輪廓繡368
飛行繡519　322　334
法式結粒繡BLANC
緞面繡3841　緞面繡519　法式結粒繡③744(捲線2次)　緞面繡334
553　552　728　744
輪廓①3348
①3348
3363
209　554　3362　法式結粒繡3348
飛行繡3689
輪廓繡3689
蛛網玫瑰繡③962
雛菊繡①3716
回針繡①371
輪廓繡3348

輪廓繡794（法式結粒繡794(捲線2次）
輪廓繡3840
793 3807 794 輪廓繡
794
輪廓①3348
輪廓繡793

法式結粒繡3841
緞面繡3731　緞面繡3716　緞面繡3716　緞面繡3716 輪廓繡填滿法794 輪廓繡填滿法793 緞面繡962
輪廓繡794
3841　緞面繡744　3364　3363　緞面繡BLANC　緞面繡3363
中心
緞面繡962　輪廓繡3348
雛菊繡3364　中心
緞面繡962

雛菊繡368　雙重雛菊繡842　緞面繡3772　蛛網玫瑰繡③3716　962　368
眼、鼻:法式結粒繡①844
輪廓:輪廓繡①3772　法式結粒繡BLANC(捲線2次)
直針繡①779
3772
緞面繡3772　緞面繡3328　緞面繡779
輪廓繡368　雛菊繡320　緞面繡842 直針繡369 緞面繡320 輪廓繡320　輪廓繡368　緞面繡①842輪廓繡①779　直針繡368
輪廓繡320　輪廓繡368
飛行繡369
368
緞面繡3348
緞面繡3328　珊瑚繡①3348　緞面繡3712　緞面繡761　輪廓繡3363
飛行繡369　輪廓繡368
輪廓繡369　飛行繡368
雛菊繡3348　直針繡368　法式結粒繡①844 尖端:直針繡320 飛行繡320　輪廓繡368
飛行繡320
雙重雛菊繡3363　以法式結粒繡③744填滿　輪廓繡368
回針繡320
輪廓繡320
緞面繡3362　以法式結粒繡③728填滿　以法式結粒繡③3854填滿　輪廓繡368　回針繡367
輪廓繡3348
輪廓繡3364
緞面繡3363
中心

12月份之花

圖片…p46　完成尺寸…約寬17cm×高20cm

〔材料〕
◈ 布料：越前屋 麻Classy（51.象牙色）…約寬27cm×高30cm
◈ 繡線：Anchor 25號繡線…各1束
　　（粉紅色系）972、970、969、968、76、75、73
　　（藍色系）177、176、175、123、122、120、118、117、1033、1031
　　（紫色系）873、871、870、869、110、109、108、94、92
　　（綠色系）900、861、860、859、858、844、843、842、264、262、261
　　（黃色系）890、874、853、307、306、305
　　（灰色系）236、235、234 （白色）1、2

○內為線條數量。除了指定之外皆使用2股。數字為色號。
文字以①235，將直針繡、飛行繡、回針繡搭配組合進行刺繡。
除了指定處之外的面，皆以長短針繡刺繡。

花卉迎賓花圈

~~~~~~

圖片…p48 完成尺寸…約寬17cm×高20cm

〔材料〕

※ **布料：**越前屋 麻Classy（70.米色）…約寬27cm×高30cm
※ **繡線：**Anchor 25號繡線…各1束
　（粉紅色系）1024、1022、75、62 （藍色系）177、176、146、145、120、117
　（紫色系）110、109 （綠色系）860、265、264、262、261 （黃色系）306、305
　（咖啡色系）357 （灰色系）400 （白色）1

○內為線條數量。除了指定之外皆使用2股。數字為色號。
除了指定處之外的面皆使用長短針繡。

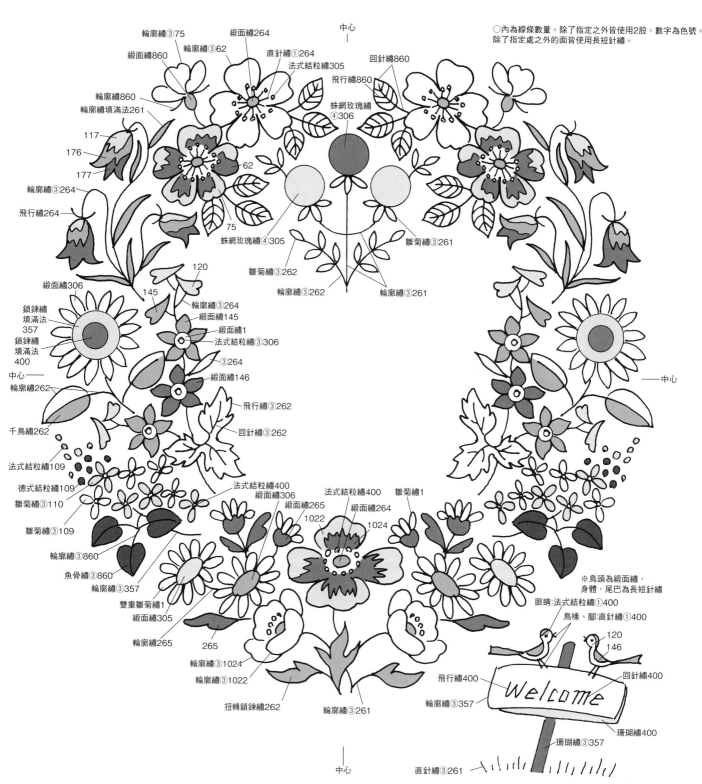

輪廓繡③75
緞面繡860
輪廓繡③62
緞面繡264
直針繡①264
法式結粒繡305
回針繡860
飛行繡860
蜘網玫瑰繡④306
輪廓繡860
輪廓繡填滿法261
117
176
177
62
輪廓繡③264
飛行繡264
75
蜘網玫瑰繡④305
雛菊繡③262
輪廓繡③262
輪廓繡③261
雛菊繡③261
120
145
緞面繡306
鎖鍊繡填滿法357
鎖鍊繡填滿法400
中心
輪廓繡262
千鳥繡262
法式結粒繡109
德式結粒繡109
雛菊繡③110
雛菊繡③109
輪廓繡③860
魚骨③860
輪廓繡③357
雙重雛菊繡1
緞面繡305
輪廓繡265
265
輪廓繡③1024
輪廓繡③1022
扭轉鎖鍊繡262
輪廓繡③261
輪廓繡③264
緞面繡145
緞面繡1
法式結粒繡③306
③264
緞面繡146
飛行繡③262
回針繡③262
法式結粒繡400
緞面繡306
緞面繡265
1022
緞面繡264
1024
法式結粒繡400
雛菊繡1
中心
中心
中心
中心

※鳥頭為緞面繡，
身體、尾巴為長短針繡
眼睛：法式結粒繡①400
鳥喙、腳：直針繡①400
120
146
飛行繡400
回針繡400
輪廓繡③357
珊瑚繡400
珊瑚繡③357
直針繡③261

Welcome

技巧*Index*

將本書中所記載的技巧、工具・材料等內容以不同顏色作類別區分，希望能讓內容的說明更為易於查詢。

植物*Index*

材料&工具

刺繡前須知

刺繡針法

作法・繡法

❤ 愛│刺│繡│ 25

歐式刺繡基礎教室：漫步植物園

作 者／オノエ・メグミ
譯 者／周欣芃
發 行 人／詹慶和
執 行 編 輯／黃璟安
編 輯／蔡毓玲・劉蕙寧・陳姿伶
執 行 美 編／周盈汝
美 術 編 輯／陳麗娜・韓欣恬
出 版 者／雅書堂文化事業有限公司
發 行 者／雅書堂文化事業有限公司
郵 政 劃 撥 帳 號／18225950
戶 名／雅書堂文化事業有限公司
地 址／220新北市板橋區板新路206號3樓
電 子 信 箱／elegant.books@msa.hinet.net
電 話／(02)8952-4078
傳 真／(02)8952-4084
電 子 郵 件／elegant.books@msa.hinet.net

2020年11月初版一刷　定價420元

"HAJIMETESAN NIMO KISO GA ICHIBAN YOKU WAKARU!EUROPE
SHISHU KYOSHITSU" by Megumi Onoe
Copyright © Megumi Onoe 2017
All rights reserved.
Original Japanese edition published by E&G Creates Co.,Ltd.

This Traditional Chinese edition published by arrangement with E&G
Creates Co.,Ltd.,Tokyo in care of Tuttle-Mori Agency, Inc., Tokyo
through Keio Cultural Enterprise Co., Ltd.,New Taipei City.

經銷／易可數位行銷股份有限公司
地址／新北市新店區寶橋路235巷6弄3號5樓
電話／(02)8911-0825
傳真／(02)8911-0801

版權所有・翻印必究
※本書作品禁止任何商業營利用途（店售・網路販售等）＆刊載，
請單純享受個人的手作樂趣。
本書如有缺頁，請寄回本公司更換。

國家圖書館出版品預行編目資料

歐式刺繡基礎教室：漫步植物園／オノエ．メグ
ミ著；周欣芃譯 .-- 初版 .-- 新北市：雅書堂文
化，2020.11
　面；　公分 .-- (愛刺繡；25)
ISBN 978-986-302-559-7(平裝)

1. 刺繡 2. 手工藝

426.2　　　　　　　　　　109016236

〔Profile〕

オノエ・メグミ

手藝設計師。長年從事刺繡繪畫、拼布等方面的設計、製作、指導。一面進行西洋美術史的相關研究，同時在德國學習素描和織物。 以充滿淺色柔和質感的作品風格為特色。每年所發表的十字繡材料組也有廣大的支持者。於NHK文化中心（東京青山、大阪梅田、名古屋、札幌等）、三越本店文化沙龍、Vogue學園東京校等開課。 上智大學研究所結業。原東海大學文學部講師。 主持尾上手藝研究所。 著有＜＜初學者也能充分掌握基礎！十字繡教室（暫譯）＞＞＜＜オノエ・メグミ的十字繡 英式庭園與少女（暫譯）＞＞（朝日新聞出版）、＜＜刺繡教學BOOK（暫譯）＞＞（日本Vogue社出版）等，著書眾多。

〔Staff〕

書籍設計	坂本真理（mill design studio）
撮影	小塚恭子（作品）　本間伸彥（作法）
擺設搭配	川村繭美
作品製作	岡根屋裕子　仲谷幸子　畠中ミチ子　久富惠美子　和田敦子　アトリエONOE（出羽律子　谷治広子）
作法解說	小堺久美子
摹寫	小池百合穂
企劃・編輯	E&Gクリエイツ（薮 明子　増子みちる）

※作法教學為求容易理解，因此在圖片作法中，在繡線顏色等方面作變更。
※由於為印刷品，因此繡線顏色和標示色號可能會有略微不同的情況產生。
※範本（p20、34、39、47、49）的繡法頁中所標註的布料用量，是範本尺寸再加上約5cm縫份。
※繡線用量因人而異。

漫步植物園
歐式刺繡基礎教室

Botanical garden

漫步植物園
歐式刺繡基礎教室

Botanical garden

漫步植物園
歐式刺繡基礎教室

Botanical garden

漫 步 植 物 園
歐式刺繡基礎教室

Botanical garden